BEI GRIN MACHT SICH IHR WISSEN BEZAHLT

- Wir veröffentlichen Ihre Hausarbeit,
  Bachelor- und Masterarbeit

- Ihr eigenes eBook und Buch -
  weltweit in allen wichtigen Shops

- Verdienen Sie an jedem Verkauf

Jetzt bei www.GRIN.com hochladen
und kostenlos publizieren

Dimitri Falk

Bedeutende Lössprofile und paläolithische Fundplätze der Wachau (Österreich)

GRIN Verlag

Bibliografische Information der Deutschen Nationalbibliothek:

Die Deutsche Bibliothek verzeichnet diese Publikation in der Deutschen National-
bibliografie; detaillierte bibliografische Daten sind im Internet über http://dnb.d-
nb.de/ abrufbar.

Impressum:

Copyright © 2011 GRIN Verlag GmbH
Druck und Bindung: Books on Demand GmbH, Norderstedt Germany
ISBN: 978-3-656-60685-7

RWTH Aachen

Geographisches Institut

Regionalseminar „Rumänien"

Sommersemester 2011

Hausarbeit

30.06.2011

Bedeutende Lössprofile und paläolithische Fundplätze

der Wachau (Österreich)

Dimitri Falk

Dimitri Falk

Studienfach: B.Sc. Angewandte Geographie

Inhaltsverzeichnis

1 Einleitung

„Die Wachau [...] ist ein herausragendes Beispiel einer von Bergen umgebenen Flusslandschaft, in der sich materielle Zeugnisse ihrer langen historischen Entwicklung in erstaunlich hohem Ausmaß erhalten haben" lässt die UNESCO (2000) als Begründung zur Erklärung der Wachau zum Weltkulturerbe im Jahr 2000 verlauten. Subsummiert werden unter besagte materielle Zeugnisse auch gut erhaltene prähistorische Funde in Lössablagerungen mit denen sich die vorliegende Arbeit beschäftigt. Bereits im Jahr 1883 wurden in Willendorf in der Wachau erstmalig Knochen und Feuersteinsplitter gefunden. In den Jahren 1907 bis 1908 fanden anlässlich des Baus der Donauuferbahn wissenschaftliche Grabungen statt, in deren Verlauf man auf Überreste einer steinzeitlichen Siedlung stieß, die nicht nur reich an Werkzeugfunden war, sondern auch die beiden bekannten Frauenstatuetten „Venus von Willendorf" und „Venus II" beherbergte (Lechner 1970:623). Aktuell findet durch neue geophysikalische und -chemische Methoden eine Aufarbeitung dieser Lössprofile statt, mit deren Hilfe man sich erhofft, die archäologisch-historischen Erkenntnisse durch naturwissenschaftliche Untersuchungs-ergebnisse zu untermauern und somit die Ur- und Frühgeschichtsforschung voranzutreiben.

Den Einstieg in das Thema stellt eine heranführende Abhandlung des Paläolithikums in Mitteleuropa dar. Darauf aufbauend wird im nächsten Kapitel auf die Eigenschaften und die Entstehung von Löss, sowie die Funktion von Lössprofilen als geoarchäologische Archive eingegangen. Besonderes Augenmerk wird hierbei auf die Lössverbreitung und charakteristische Löss-Paläosol-Sequenzen in Niederösterreich gelegt. Im Hauptteil der Arbeit erfolgt eine knappe räumliche Einordnung der Wachau sowie eine Beschreibung des Verlaufs des Paläolithikums in Niederösterreich. Das Kernstück der Arbeit bildet die nachfolgende stratigraphische Beschreibung von bedeutenden Lössprofilen der Wachau, die durch diverse paläolithische Funde internationale Bekanntheit erlangten und zu besseren Kenntnissen der landschafts- und kulturgenetischen Entwicklung dieser Region beitrugen. Abschließend wird vor dem Hintergrund des gegenwärtigen Standes der interdisziplinären Forschung ein Fazit gezogen. Das Ziel der Arbeit ist die Schaffung einer Übersicht über grundlegende klimatologische, quartärgeologische und kulturelle Faktoren im Sinne einer geoarchäologischen Rekonstruktion des Vordringens des anatomisch modernen Menschen in Mitteleuropa.

2 Kulturgeschichtliche Einordnung des Paläolithikums

Das Paläolithikum bezeichnet den ältesten Abschnitt in der Vorgeschichte, d.h. der Zeit bis zum Auftreten erster Schriftzeugnisse, als Werkzeuge aus Steinen, Holz und Knochen hergestellt wurden. Es beginnt mit dem Homo habilis und dem Homo rudolfensis vor rund 2,5 Mio. Jahren BP in Afrika und endet mit der letzten Eiszeit vor etwa 10.000 Jahren BP (Prähistorische Archäologie 2011). Gliedern lässt sich das Paläolithikum auf Grundlage von Werkzeug-Industrien und zugehörigen charakteristischen Leitformen der Werkzeuge in die Stufen Alt-, Mittel- und Jungpaläolithikum (Klostermann 1999:197).

Gegliedert wird das Altpaläolithikum in die drei Industrien Oldowan (2,5 – 1,0 Mio. Jahre BP), Developed Oldowan, eine Weiterentwicklung des Oldowan, und Acheuléen (1,5 – 0,25 Mio. Jahre BP) (Klostermann 1999:197). Die Anwesenheit des Menschen in Mitteleuropa nordwärts der Alpen ist dabei seit etwa 600.000 Jahren eindeutig belegt (Gaudzinski-Windheuser et al. 2009:65). Zur Trennung des Homo neanderthalensis vom Homo sapiens, der sich in Afrika entwickelte, kommt es vor etwa 250.000 Jahren BP (Gaudzinski-Windheuser et al. 2009:65). Das Mittelpaläolithikum gliedert sich in das Moustérien (250.000 – 40.000 Jahre BP), eine vom Homo neanderthalensis getragene Nachfolgeindustrie des Acheuléen, und in das Micoquien (130.000 – 70.000 Jahre BP), das kennzeichnend für asymmetrische Faustkeile ist (Klostermann 1999:201).

Aufgrund verschiedener Werkzeugtechnologien erfolgte ebenfalls eine differenzierte Untergliederung des Jungpaläolithikums in das Aurignacien, das Gravettien, das Solutréen und das Magdalénien (Klostermann 1999:201). Kennzeichnend für das Jungpaläolithikum ist die Herstellung von Klingen aus Feuerstein (Klostermann 1999:201), sowie die erstmalige Bearbeitung von Knochen und Elfenbein (Klostermann 1999:203). Mit dem Aurignacien, das auf 40.000 – 30.000 Jahre BP datiert wird, wird das Auftreten des Homo sapiens in Europa bei gleichzeitigem Verschwinden der letzten Homo neanderthalensis in Verbindung gebracht (Jöris et al. 2009a:73). Das Gravettien lässt sich in einem Zeitraum von 28.000 – 22.000 Jahren BP ansiedeln, fällt somit ins Weichsel-Hochglazial und ist durch das Auftreten von rückengestumpften Klingen und Gravettespitzen definiert (Jöris et al. 2009b:77).

3 Quartärgeologische Grundlagen

3.1 Eigenschaften und Bildung von Löss

Löss ist der Begriff für ein äolisch verlagertes Lockersediment, das überwiegend in den Kaltzeiten des Quartärs ausgeblasen und wieder abgelagert wurde (Schreiner 1997:93). Das Korngrößenmaximum liegt in der Regel zwischen 20 und 63 µm. Der Rest setzt sich aus Ton mit einem Anteil von unter 20 % und Sand mit einem Anteil von unter 10 % zusammen (Catt 1992:54). Lössablagerungen haben dabei mit zunehmender Entfernung vom Herkunftsgebiet einen höheren Anteil feineren Materials (Schreiner 1997:93). Mineralogisch besteht Löss zu einem Anteil von um die 60 % aus Quarzkörnern und zu 10 – 20 % aus Karbonat. Andere Minerale wie Feldspäte, Tonminerale und Glimmer kommen nur in relativ geringen Anteilen vor (Anderson et al. 2007:88). Löss erscheint im Profil in der Regel ungeschichtet und texturlos, kann jedoch auch in Folge von Verschlämmung bei der Ablagerung in niederschlagsreicheren Gebieten eine leichte Schichtung aufweisen (Schreiner 1997:94). Die Standfestigkeit von Löss, die die Stabilität von bis zu 20 m hohen Profilen gewährleistet, lässt sich auf die eckige Form der Quarzkörner und die dazwischenliegenden Tonbrücken zurückführen (Schreiner 1997:94).

In Mitteleuropa wurde Löss während des Quartärs unter periglazialen Bedingungen gebildet (Frechen et al. 2003:1836). Die Gletscherschmelzwässer führten große Mengen an zerriebenem Material mit sich, das hauptsächlich auf Schluff bestand und mit dem Trockenfallen der Schotter- und Sanderflächen ausgeweht werden konnte (Schreiner 1997:95). In der weitestgehend vegetationsfreien Frostschuttzone konnte ebenfalls Material durch Frostsprengung bereitgestellt und ausgeweht werden (Schreiner 1997:95). Die vorherrschenden Westwinde und die glazial bedingten Fallwinde transportierten das ausgewehte Material bis es im Lee von Hügeln bzw. in nicht vegetationsfreien Gebieten akkumuliert wurde (Schreiner 1997:94).

Nach Pye (1995) gibt es somit vier grundlegende Voraussetzungen, die notwendig für die Bildung von Löss sind: ein Herkunftsgebiet, ausreichend starke Winde zum Transport der Körner, ein geeignetes Akkumulationsgebiet sowie ausreichend Zeit mit gleichbleibenden Umweltbedingungen (Frechen et al. 2003:1836).

Jungpleistozäne Löss-Paläosol-Sequenzen stellen hochauflösende terrestrische Archive dar, durch deren Untersuchung und richtige Deutung wichtige Fragen der klimatischen und chronologischen Gliederung des Pleistozäns beantworten werden können (Frechen et al. 2003:1836). Die Ablagerungen beinhalten zahlreiche Proxies und liefern dadurch Hinweise auf wesentliche Veränderungen der klimatischen Umweltbedingungen der letzten 130.000 Jahre (Frechen et al. 2003:1836). Vor allem durch Verbesserungen bei den Methoden der Lumineszenzdatierung gelang eine zuverlässigere zeitbasierte Rekonstruktion der vergangenen Klima- und Umweltbedingungen (Frechen et al. 2003:1835). Es muss jedoch angemerkt werden, dass sich eine Korrelation der Archive untereinander und mit anderen Archiven aufgrund der Lückenhaftigkeit der terrestrischen Sedimente und der räumlichen Trennung der Archive oft als schwierig gestaltet (Frechen et al. 2003:1837).

Unter Paläosolen sind Böden zu verstehen, die sich in der Vergangenheit gebildet haben und anschließend von jüngerem Sediment, wie z.B. Löss, überdeckt wurden (Anderson et al. 2007:34). Als Folge der bodenbildenden Prozesse kommt es zur Ausbildung von charakteristischen Horizonten, durch deren Untersuchung eine Rekonstruktion der bodenbildenden Faktoren möglich ist (Anderson et al. 2007:35). So kann z.B. darauf geschlossen werden, wie das Klima, die Vegetation und das Relief zur Zeit der Bodenbildung ausgesehen haben mögen und über was für einem Zeitraum diese Faktoren auf den Boden eingewirkt haben (Anderson et al. 2007:35). Zum Beispiel kann über die Bodenfarbe auf Reduktions- (grau) und Oxidationsvorgänge (rötlich) und somit auf den Grad der Feuchtigkeit geschlossen werden (Anderson et al. 2007:35). Ausgewaschene Horizonte mit einem geringen pH-Wert und einer Stoffverlagerung aus dem Ober- in den Unterboden sprechen für hohe Niederschlagsmengen, wohingegen höhere pH-Werte und karbonathaltige A-Horizonte auf trockenere Bedingungen hinweisen (Anderson et al. 2007:35). Als weitere Proxies, aus denen sich Informationen ableiten lassen, seien palynologische und malakologische Analysen, sowie Funde von Knochen, bearbeiteten Steinwerkzeugen und vulkanischen Tuffen genannt (Schreiner 1997:96). Die schnelle Bedeckung durch den angewehten Löss bewirkte dabei eine sehr gute Konservierung der Funde, sodass vereinzelt sogar gut erhaltene kalzifizierte Hölzer geborgen werden können (Neugebauer-Maresch 2000:31).

Löss ist ein auf der Erde weit verbreitetes Sediment und bedeckt Schätzungen zufolge etwa 10 % der Landoberfläche (Schreiner 1997:94). Wie dem rot schraffierten Bereich in Abb. 1 zu entnehmen ist, zieht sich ein nördlicher Lössgürtel durch Europa, der von Nordfrankreich über Belgien am Nordrand des deutschen Mittelgebirges über Südpolen in die Ukraine verläuft (Schreiner 1997:94). Ein südlicher Lössgürtel geht von der Oberrheinebene aus und verläuft entlang der Donau über Niederösterreich, Mähren, Ungarn und Rumänien bis zum Schwarzen Meer, wo er sich mit dem nördlichen Lössgürtel vereinigt (Schreiner 1997:94).

Abb. 1: Lössverbreitung in Europa (verändert nach Diercke 2008)

In Niederösterreich stellte die Donau die Hauptquelle für die Entstehung von Löss dar (Anderson et al. 2007:88). Die Lösse gelten dabei als außerordentlich karbonathaltig, weil die Nebenflüsse der Donau aus den östlichen Alpen kalkalpines Material transportieren (Guenther 1961:36). Die jungpleistozänen Löss-Sequenzen lassen sich durch mehrere charakteristische Bodenbildungsphasen, die regional verfolgt werden können, gliedern (Brandtner 1954:49). Die älteste wird als *Kremser Bodenbildung* bezeichnet und beschreibt eine fossile Braunerde mit intensiver Verlehmung und rotbrauner Färbung, weshalb davon ausgegangen wird, dass sie sich im Eem-Interglazial unter Wald gebildet hat (Brandtner 1954:49). Die nächstjüngere Bodenbildungsphase stellt den *Fellabrunner Bodenbildungskomplex* dar, der aus einer schwach entwickelten Braunerde unter einer Schwarzerde besteht und in sich noch mehrfach durch Lössakkumulationen getrennt ist. Zugeordnet wird diese Sequenz dem ersten Interstadial des Würm-Glazials (Brandtner 1954:49). Der jüngste Paläosol, als *Paudorfer Bodenbildung* bezeichnet, stellt einen schwach ausgeprägten Steppenboden dar und kann dem Interstadial Würm II/III zugeordnet werden (Brandtner 1954:49).

4 Bedeutende Lössprofile und paläolithische Fundplätze der Wachau

4.1 Räumliche Einordnung der Wachau

Die Wachau, eine Landschaft im Bundesland Niederösterreich, bezeichnet das Durchbruchstal der Donau mit einer Länge von ca. 30 km zwischen den beiden Städten Krems an der Donau und Melk durch die Böhmische Masse (Lechner 1970:593). Der Abb. 2 ist die Lage des Untersuchungsgebietes in Niederösterreich sowie die der wichtigsten jungpaläolithischen Fundstellen zu entnehmen. Unter diesen befinden sich ebenfalls die im Rahmen der vorliegenden Arbeit thematisierten Fundplätze Willendorf in der Wachau (1), Krems-Hundssteig und Krems-Wachtberg (2) sowie Stratzing (3).

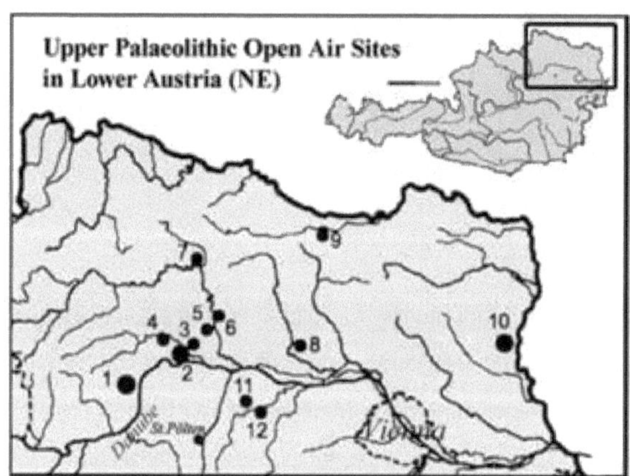

Abb. 2: Die Lage des Untersuchungsgebietes (verändert nach Wild et al. 2008:2)

Allgemein lässt sich festhalten, dass das östliche Ufer des Tales durch relativ steile Hänge gekennzeichnet ist, während das westliche Ufer im Windschatten der vorherrschenden Westwinde liegt und daher aufgrund der Lössakkumulation flachere Hänge aufweist (Nigst et al. 2008:32). In diesen Ablagerungen diluvialen Lösses haben sich zwischen Krems und Aggsbach vielerorts Überreste ehemaliger steinzeitlicher Siedlungen erhalten (Lechner 1970:593). Darüber hinaus wird das Westufer des Donautales durch ausgedehnte Schwemmfächer geprägt, die durch den Transport von großen Mengen an Material durch Ströme aus dem Hinterland, wie z.B. durch den Willendorfer Bach, entstehen (Nigst et al. 2008:32).

Zusammen mit Südmähren, dem nordwestlichen Ungarn und der westlichen Slowakei bildet das östliche Österreich eine Landschaft, die besonders reich an archäologischen Funden ist und auch als mittlerer Donauraum bekannt ist (Nigst 2006:269). Wenn es eine Migration des Homo sapiens entlang der Donau nach Europa gegeben hat, dann stellt der mittlere Donauraum eine der Schlüsselstellen dar, um den Übergang vom Mittel- zum Jungpaläolithikum in Mitteleuropa zu untersuchen (Nigst 2006:269). Im Allgemeinen kann dieser Übergang mit Hilfe folgender Sequenz beschrieben werden: Das Micoquian, das dem Mittelpaläolithikum zuzuordnen ist, wird in Mitteleuropa von den Kulturstufen des Bohunicien, des Szeletien und des frühen Aurignacien, die zum Jungpaläolithikum gehören, abgelöst (Nigst 2006:294). Das klassische Aurignacien verläuft parallel zum späten Szeletien und wird um 32.000 Jahre BP angesiedelt. Das Gravettien, auf 30.000 – 28.000 Jahre BP datiert, ist ebenfalls in der Region vertreten (Nigst 2006:294).

In den Lössregionen Niederösterreichs liegt eine Reihe von gut erhaltenen, jungpaläolithischen Fundplätzen aus der Zeit von 50.000 – 30.000 Jahre BP, die aufgrund der Geschichte der archäologischen Forschung in der Wachau seit mehr als einem Jahrhundert bekannt sind (Nigst 2006:269). Kulturreste des Aurigancien finden sich in Willendorf und am Hundssteig bei Krems, während man bei Aggsbach, Willendorf, Spitz, Weißenkirchen und am Wachtberg bei Krems solche des Gravettien findet (Lechner 1970:593). Unter diesen befinden sich die wichtigsten archäologischen Stätten in Willendorf und Krems (Einwögerer et al. 2009:847), die in den nachfolgenden Profilbeschreibungen zusammen mit dem Lössprofil in Stratzing thematisiert werden.

Massenweises Vorkommen von Knochen und Stoßzähnen des Mammuts sowie ausgedehnte Flächen mit den Überresten von Steinschlägerateliers zeugen von einer längeren Sesshaftigkeit des Menschen am Donaustrom, welcher vom eiszeitlichen Großwild als Tränke benutzt wurde (Lechner 1970:593). Die ausgegrabenen Mammutknochen sind dabei nicht nur als Hinter-lassenschaft ausgedehnter Mahlzeiten zu bewerten, sondern dienten auch zur Herstellung von mit Fellen gedeckten Unterkünften (Lechner 1970:594).

4.3 Stratigraphische Beschreibung bedeutender Lössprofile

4.3.1 Willendorf II

Die Grabungsstelle Willendorf II liegt am westlichen Donauufer bei Willendorf in der Wachau und bildet zusammen mit den Grabungsstellen Willendorf I, I/nord und III bis VII den sogenannten Willendorfer Grabungskomplex (Teschler-Nicola/Trinkaus 2001:452). Willendorf II ist dabei aufgrund zahlreicher spektakulärer Funde, wie Steinartefakte, Faunenüberreste und auch Kunstobjekte, von besonderem Interesse für die Erforschung des Paläolithikums (Teschler-Nicola/Trinkaus 2001:452). Das ca. 20 m mächtige Profil befindet sich über einer würmeiszeitlichen Niederterrasse der Donau, wobei in den oberen 10 m des Profils neun archäologische Fundhorizonte eingeschlossen sind (Haesaerts/Teyssandier 2003:133). Eine Reihe von ^{14}C-Datierungen des oberen Profils (vgl. Abb. 3) ergab eine chronologische Spannweite von 41.700 – 22.180 Jahren BP, weshalb die Fundhorizonte dem Aurignacien und dem Gravettien zugeordnet werden (Haesaerts/Teyssandier 2003:135).

Der sedimentologische Aufbau des Profils wird durch Löss gebildet und kann in siebenstratigraphische Einheiten (SE Abis G) differenziert werden(Haesaerts/Teyssandier 2003:135). Die untere Hälfte des Profils, die bei der aktuellen Ausgrabung nicht erreicht wurde, setzt sich aus zwei Generationen von blass-gelbem Löss (SE E und G) zusammen, die durch einen rotbraun gefärbten Paläosol (SE F) getrennt sind (Brandtner 1959 zit. in Haesaerts/Teyssandier 2003:135). Die stratigraphische Einheit D hat eine Mächtigkeit von 2,5 bis 3,0 m und besteht aus relativ heterogenem, ocker-gelblichem Lehm, in dessen oberem Teil (SE D1) zahlreiche verstreute Holzkohlen zu finden sind, die auf 41.700 – 39.500 Jahren BP datiert wurden (Nigst et al. 2008:41).

Die stratigraphische Einheit C besteht aus einer komplexen Lösssequenz, ist zwischen 1,5 - 2,0 m mächtig und kann in neun Untereinheiten (C1 bis C9) unterteilt werden (Nigst 2006:272). Diese Untereinheiten werden zum Teil aus hell- bis dunkelbraunen, humushaltigen Horizonten (C2, C4, C8) gebildet, die den archäologischen Fundhorizonten 3, 4 und 5 entsprechen und Interstadialen zugeordnet werden können (Nigst et al. 2008:45). Von besonderem Interesse ist hierbei der C8-Horizont, der partiell von braun-grauen Linsen, die durch Solifluktion gesteckt wurden, gesäumt ist und Aschestreifen mit einer hohen Konzentration an Holzkohle enthält. Die Datierung der archäologischen Funde beläuft sich auf 38.880 – 34.100 Jahre BP (Nigst et al. 2008:44). Lösshorizonte mit blass-gelblicher Färbung und höherem Sandanteil (C3, C5, C7) sprechen für kältere Episoden, wohingegen gebleichte Horizonte (C1, C6, C9) charakteristisch für Tundrengleye sind und als Anzeiger für Permafrost im Untergrund gelten (Nigst et al. 2008:44). Die Mächtigkeit des gebleichten C1-Horizontes ermöglicht die Verwendung des Horizontes als Marker der Grenze zwischen dem mittleren und späten Pleniglazial (Nigst et al. 2008:44).

Die stratigraphische Einheit B lässt sich in blass-gelbe und humushaltige Horizonte (B1, B3), in einen hellbraunen Horizont (B2) und in einen Horizont mit blass-grauen Linsen (B4) unterscheiden (Nigst 2006:272). Sie stellt die Lössbedeckung des späten Pleniglazials dar, was auf einen fortschreitenden Trend in Richtung kälteren und trockeneren Klimas hindeutet (Nigst et al. 2008:45). Der durch Solifluktion versetzte, archäologische Fundhorizont 6 in der Untereinheit B3 wurde auf 26.500 – 26.100 Jahre BP datiert (Nigst et al. 2008:45).

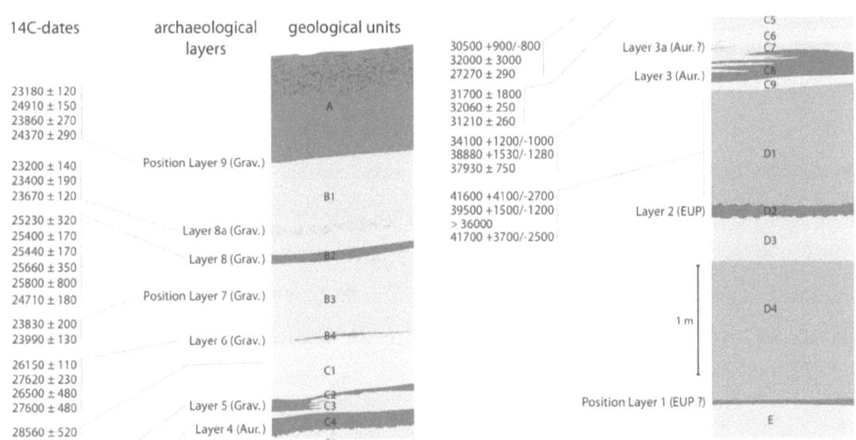

Abb. 3: Aufbau des Lössprofils Willendorf II (verändert nach Nigst et al. 2008:42)

Die Ausgrabungsstätte Krems-Hundssteig befindet sich an einem südexponierten Hang des Wachtberges, einer Anhöhe zwischen dem Krems- und dem Donautal (Wild et al. 2008:1). Der bekannte jungpaläolithische Fundplatz wurde in den 1890er und 1900er Jahren entdeckt, als dort im Rahmen der Lössgewinnung für den Deichbau in Krems und Stein unzählige Relikte altsteinzeitlicher Besiedlung gefunden wurden (Nigst 2006:287). Die dabei entdeckten Artefakte, u. a. etwa 70.000 Steinwerkzeuge und tierische Überreste, wurden einer einzigen massiven Kulturschicht zugesprochen (Wild et al. 2008:1). Auf Grundlage zahlreicher archäologischer Funde und ^{14}C-Datierungen von ca. 35.000 Jahren BP wurde der Fundplatz als typisch für die Kulturstufe des Aurignacien in Mitteleuropa angesehen (Neugebauer-Maresch 2000:40).

In den Jahren 2000 bis 2002 wurden von der Prähistorischen Kommission der Österreichischen Akademie der Wissenschaften jedoch unweit des Fundplatzes erneute Untersuchungen durchgeführt, in deren Verlauf ein 8 m mächtiges Lössprofil freigelegt wurde (Neugebauer-Maresch 2008:130). Der aurignacienzeitliche Fundhorizont (AH 4) wurde dabei einmal im östlichen und einmal im westlichen Teil der Ausgrabung angetroffen (Neugebauer-Maresch 2008:131). Im östlichen Teil der Ausgrabung ließ sich der durch Holzkohle verfärbte Fundhorizont deutlich abgrenzen, während der Löss im westlichen Teil lediglich durch initiale Bodenbildung gekennzeichnet ist (Neugebauer-Maresch 2008:131). Die Pollenanalyse des AH 4-Horizontes ergab einen erhöhten Anteil von Süßgras- und Kiefernpollen sowie einen hohen Anteil von Kohlepartikeln, sodass von einer Tundrenvegetation in einem tendenziell wärmeren Klima ausgegangen werden kann (Neugebauer-Maresch 2008:131). Aufgeschlossen wurde ebenfalls der Gravettien-Komplex (AH 3), innerhalb dessen bis zu acht archäologische Horizonte (AH 3,1 bis AH 3,8) unterschieden werden können, die Hinweise auf menschliche Aktivität (vgl. Abb. 4), wie Steinwerkzeuge, ehemalige Feuerstellen und Faunenüberreste mit Schnittmarken und Brandspuren, enthielten (Wild et al. 2008:4). Als Proxies für interstadiale Bedingungen seien beispielsweise der gebleichte Fundhorizont AH 3,7 sowie der Horizont AH 3,8 aufgrund von pollenanalytischen und malakologischen Untersuchungen genannt (Neugebauer-Maresch 2008:131).

Im Allgemeinen lässt sich anhand dieser Sequenz ein wiederholter Wechsel zwischen einem feucht-gemäßigten und einem feucht-kühlen Klima entsprechend der Änderung von einer geschlossenen Strauch- und Laubwaldvegetation zu einer offenen Graslandschaft rekonstruieren (Neugebauer-Maresch 2008:130).

Die neuen Ergebnisse widersprechen somit der traditionellen Annahme, dass die in Krems-Hundssteig geborgenen Funde ausschließlich dem Aurignacien zuzuordnen sind (Wild et al. 2008:9). Daher muss angenommen werden, dass bei der Lössgewinnung zu Beginn des 20. Jahrhunderts mehr als eine Kulturschicht zerstört und dass die Ansammlung der Krems-Hundssteig-Artefakte, die traditionell dem Aurignacien zugeschrieben wurden, mit Funden des Gravettien vermengt wurde (Wild et al. 2008:9). Die Revision der überlieferten Stratigraphie lässt zudem vermuten, dass es in der Zeit von min. 33.000 – 27.000 Jahre BP, schwerpunktmäßig in der Zeit des frühen Gravettien von 29.000 – 27.000 Jahre BP, zu wiederholten Besiedlungen des Standortes durch Jäger und Sammler kam (Wild et al. 2008:9).

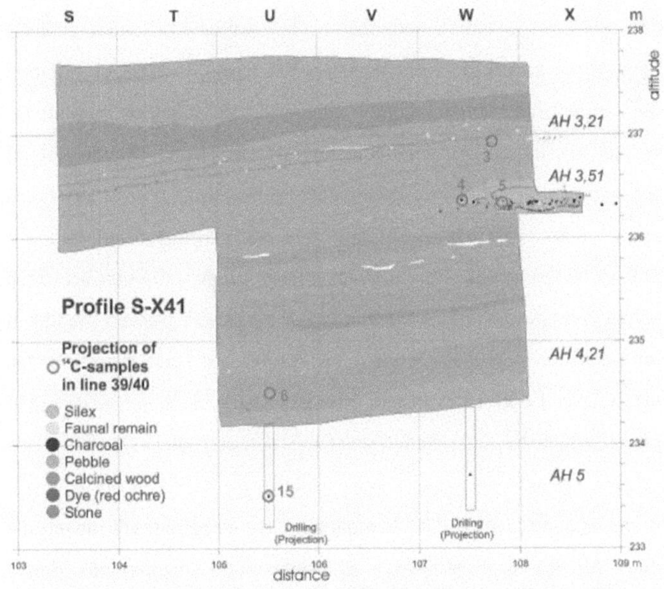

Abb. 4: Stratigraphie des Krems-Hundssteig-Profils zwischen den Horizonten AH 3,21 und AH 5,11 (Neugebauer-Maresch 2008:132)

Krems-Wachtberg stellt den zweiten bekannten altsteinzeitlichen Siedlungsplatz im Kremser Raum dar und befindet sich ca. 100 m in nordwestlicher Richtung von der Ausgrabungsstätte Krems-Hundssteig (Einwögerer et al. 2008:15). Der bei den Grabungen entdeckte archäologische Fundhorizont (AH 4) befindet sich in einer Tiefe von 5,5 m in einem 8,5 m mächtigen Lössprofil und weist eine südgerichtete Schichtneigung auf (Händel et al. 2009a:46), wobei erste Ergebnisse der magnetischen Suszeptibilität belegen, dass der Löss im oberen Würm akkumuliert wurde (Händel et al. 2009a:47). Der AH-4-Horizont wurde mit 26.580 ± 160 Jahren BP datiert und ist somit dem Gravettien zuzuschreiben (Einwögerer et al. 2008:17). Im Liegenden bildet eine ca. 20 cm mächtige, früh- bis mittelpleistozäne Schotterablagerung den Übergang zum anstehenden Gestein der Böhmischen Masse (Einwögerer/Simon 2008:17).

Der sedimentologische Aufbau des Profils wird durch Löss gebildet (vgl. Abb. 5), wobei keine Anzeichen einer ausgeprägten Bodenbildung zu erkennen sind (Einwögerer/Simon 2008:17). Bräunlich gefärbte Horizonte deuten auf initiale Bodenbildung hin, während blass-grau gefärbte Horizonte auf humideres Klima zurückzuführen sind (Hambach et al. 2008:154). Einige Horizonte weisen zudem einen höheren Sandanteil auf, wodurch aufgrund veränderter Strömungsbedingungen auf Erosionsprozesse geschlossen werden kann (Händel et al. 2009a:47). Von besonderem Interesse stellen zwei geringmächtige Schichten organischer Asche in einem Abstand von 2 cm dar, die sich ca. 20 cm über dem AH-4-Horizont befinden (Einwögerer et al. 2009:849). Aufgrund fehlender archäologischer Funde in diesem Schichten kann von einem natürlichen Event, wie einem Steppenbrand, ausgegangen werden (Händel et al. 2008:17). Die beiden Schichten Asche können gut als Marker zur Korrelation von den Lössprofilen Krems-Hundssteig und Krems-Wachtberg genutzt werden, da sie in beiden über dem gravettienzeitlichen Schichtkomplex vorzufinden sind (Händel et al. 2009a:47).

Unterteilt werden kann der Fundhorizont (AH 4) in mehrere Untereinheiten, von denen die obergelegenen Einheiten (AH 4,1 und AH 4,11) ein gemischtes Inventar an Funden beherbergen, die vermutlich kleinräumig durch Solifluktion verlagert wurden (Händel et al. 2009a:47). Die Basis des AH-4-Horizontes (AH 4,4) wird durch eine hohe Dichte an kompakt gelagerten Funden, wie Steinwerkzeugen, gebrannten und ungebrannten Knochenfragmenten, sowie Holzkohle rund um eine ehemalige Feuerstelle in einer dunklen, aschefarbenen Matrix charakterisiert. Aus diesem Grund wird der AH-4,4-Horizont als Begehungshorizont interpretiert (Einwögerer et al. 2009:847). Zu den spektakulärsten Funden gehört das Doppelgrab von zwei Säuglingen, die schützend unter dem Schulterblatt eines Mammuts bestattet und in etwas peripherer Lage von der Hauptfundstelle entdeckt wurden (Einwögerer et al. 2008:17). Generell lässt sich sagen, dass sich die Funde in einem außergewöhnlich gut erhaltenem Zustand befinden, was auf eine hohe Sedimentationsrate des Lösses schließen lässt (Hambach et al. 2008:154). ^{14}C-Datierungen von Holzkohlefunden aus dem AH-5-Horizont, der sich ca. 30-40 cm unter dem AH-4-Horizont befindet, weisen darauf hin, dass das Gebiet auch schon früher besiedelt worden war (Einwögerer et al. 2009:854). Aufgrund der Dauer und der Intensität der Besiedlung kann daher davon ausgegangen werden, dass es sich um ein ehemaliges Jagdlager handelt (Händel et al. 2009b:196). Diese Erkenntnisse bestätigen die Ansicht, dass die beiden ehemaligen Siedlungsplätze Krems-Hundssteig und Krems-Wachtberg günstige Bedingungen für den jungpaläolithischen Menschen boten (Einwögerer et al. 2009:854).

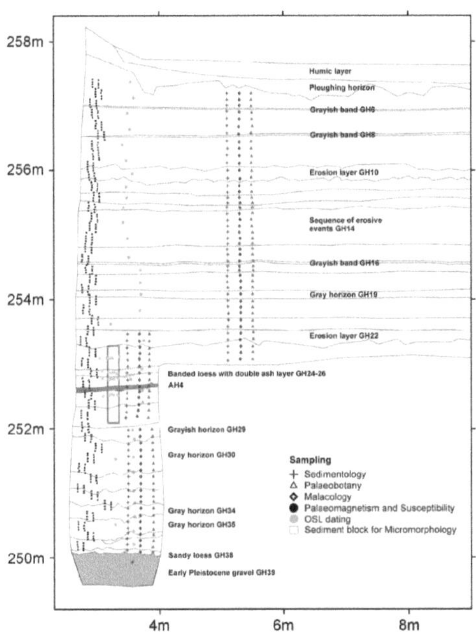

Abb. 5: Aufbau des Lössprofils Krems-Wachtberg (Händel et al. 2009a:48)

Das Profil Stratzing 1 (ST 1), eine Löss-Paläosol-Sequenz, befindet sich südlich des Ortskerns der Ortschafts Stratzing in Niederösterreich auf einer Höhe von 340 m ü. NHN (Hofer 2010:135). Es befindet sich auf einem leicht nordexponierten Hang mit einer Hangneigung von 16 % am östlichen Fuß des Galgenberges, der eine charakteristische Landschaftsform im Löss des Kremser Feld darstellt (Thiel et al. 2011:24). Die Lössakkumulation an dieser Stelle fand im Lee von tertiären und quartären Terrassenkörpern während vorherrschender Westwinde statt (Thiel et al. 2011:24). Das Profil weist eine Mächtigkeit von 7,50 m auf und ist in 19 sedimentologisch-stratigraphische Horizonte unterteilt, unter denen sich drei archäologische Fundhorizonte befinden (Hofer 2010:135).

Die ganze Sequenz weist einen hohen Karbonatgehalt auf und auch die Ausfällung von Sekundärkarbonaten ist typisch für alle Horizonte. Im Allgemeinen lässt sich sagen, dass die Grenzen zwischen den Horizonten klar verlaufen und nicht verwischt sind (Thiel et al. 2011:24). Die obersten drei Horizonte (ST 1 bis ST 3) sind durch den Weinanbau gestört. Der ungestörte Teil des Profils beginnt in einer Tiefe von 1,45 m mit einer Cryosol-Gesellschaft (vgl. Abb. 6), der aus zwei Cg-Horizonten gebildet wird. Der obere Horizont (ST 4a) weist eine helle gelb-braune Färbung auf und setzt sich aus schluffigem Lehm zusammen. Der darunter liegende Horizont (ST 4b) ist blass-gelb gefärbt. Beide Horizonte enthalten nur sehr wenige kantige Gesteinsbrocken und weisen moderate wasserstauende Eigenschaften auf (Thiel et al. 2011:24). Der darunter-liegende Horizont (ST 5) besteht aus blass-gelbem Löss und weist unterhalb der Obergrenze eine Akkumulation von flachem und abgerundetem Kies mit einer durchschnittlichen Länge von 3 cm auf (Thiel et al. 2011:24). Die nachfolgenden Horizonte (ST 6 bis ST 9) stellen eine weitere Cryosol-Gesellschaft dar, die durch einen fehlenden Skelettanteil gekennzeichnet ist (Thiel et al. 2011:24). Der Horizont ST 10 bildet den ersten archäologischen Fundhorizont und bedeckt die darunterliegenden Lösshorizonte ST 11, ST 12a und ST 12b (Thiel et al. 2011:24). Die Funde setzten sich weitestgehend aus Schabern und Sticheln zusammen und wurden auf ca. 29.000 Jahre BP datiert (Nigst 2006:290). Der Horizont ST 13 entspricht dem zweiten archäologischen Fundhorizont, besteht aus blass-gelbem, schluffigem Lehm und wurde als fossiler, humoser Oberbodenhorizont klassifiziert (Thiel et al. 2011:24). In diesem Fundhorizont konnte eine Reihe von ehemaligen Feuerstellen ausgemacht werden, die reich an diversen Steinwerkzeugen waren und auf 31.000 – 29.000 Jahre BP datiert wurden (Nigst 2006:288). Unter diesem Horizont befindet sich ein weiterer Lösshorizont (ST 14), der kiesführend ist. Der darauf folgende Horizont (ST 15) stellt den dritten archäologischen Fundhorizont dar, zeigt schwache Spuren einer initialen Bodenbildung auf und wurde als BC-Horizont klassifiziert (Thiel et al. 2011:24). Die Matrix des darunter liegenden BC-Horizontes (ST 16) ähnelt dem des darüber beschriebenen, obwohl dieser Horizont eine große Anzahl an runden und kantigen Kiesen mit einem Durchmesser zwischen 0,5 – 4,0 cm enthält (Thiel et al. 2011:24). Der Löss der nachfolgenden Horizonte (ST 17a, ST 17b) ist hellgelb-braun bis gelb-braun gefärbt und ist somit dunkler als der Löss der oberen Horizonte. Zudem sind durchweg ehemalige Wurzelgänge auszumachen (Thiel et al. 2011:24). Die Horizonte ST 18a bis ST 19c bilden eine gut entwickelte Cambisol-Gesellschaft, bei der die Horizonte ST 18a und ST 18b verbraunt sind und eine gelb-braune Färbung aufweisen (Thiel et al. 2011:24). Durch die ausgeprägte Differenzierung der einzelnen Horizonte lassen sich somit paläoklimatische Verhältnisse und landschaftsgenetische Vorgänge rekonstruieren.

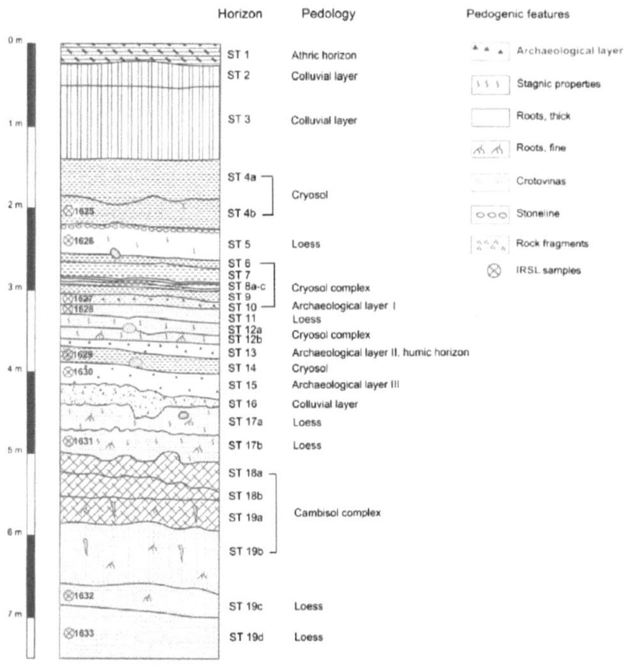

Abb. 6: Stratigraphie des Lössprofils in Stratzing (verändert nach Thiel et al. 2011:26)

5 Fazit

Zusammenfassend lässt sich festhalten, dass Lössprofile aufgrund beschriebener Eigenschaften gute terrestrische Archive der konservierten Paläoumwelt darstellen. Aufgrund des räumlichen und zeitlichen Zusammenfallens der Lössakkumulation sowie des Vordringens des Homo sapiens nach Europa lassen sich aus Löss-Paläosol-Sequenzen nicht nur klimatische und landschaftsgenetische, sondern auch aufgrund zahlreicher Funde archäologische Fragestellungen beantworten. Durch die interdisziplinäre Vernetzung von geowissenschaftlichen, paläontologischen und archäologischen Methoden lässt sich für den Schlüsselzeitraum des Übergangs vom Mittel- zum Jungpaläolithikum bereits ein relativ umfassendes Bild erstellen. Eine zunehmende Intensiverung der interdisziplinären Forschung auf diesem Gebiet wäre aus naheliegenden Gründen, wie einer Aufarbeitung bereits bekannter paläolithischer Fundplätze, weiterer Prospektion zwecks Lokalisierung neuer Fundstellen und einer besseren Korrelation der verschiedenen Archive, wünschenswert. Mit Hilfe von ^{14}C-Datierungen und chronostratigraphischen Beobachtungen lässt sich die Dokumentation des besagten Schlüsselzeitraumes bereits ziemlich detailliert bewerkstelligen, wodurch man sich erhofft den genauen räumlichen und zeitlichen Weg des anatomisch modernen Menschen nach Europa rekonstruieren zu können.

Literaturverzeichnis

Anderson, D. E. / Goudie, A. S. / Parker, A. (2007): Global Environments through the
Quaternary. New York: Oxford University Press.

Brandtner, F. (1954): Jungpleistozäner Löß und fossile Böden in Niederösterreich. In:
Quaternary Science Journal 4/5(1), 49-82.

Catt, J. A. (1992): Angewandte Quartärgeologie. Stuttgart: Ferdinand Enke Verlag.

Diercke Weltatlas (2008): Weichsel-/ Würmeiszeit (letzte Eiszeit). Braunschweig: westermann.

Einwögerer, T. / Simon, U. (2008): Die Gravettienfundstelle Krems-Wachtberg. In: Archäologie
Österreichs 19(1), 38-42.

Einwögerer, T. / Händel, M. / Neugebauer-Maresch, C. / Simon, U. / Teschler-Nicola, M. (2008):
The gravettian infant burials from Krems-Wachtberg, Austria.
<http://www.oeaw.ac.at/praehist/fileadmin/template/main/res/pdf/Einwoegerer_et_al
_2008-BAR_Lissabon.pdf> abgerufen am 15.06.2011.

Einwögerer, T. / Händel, M. / Neugebauer-Maresch, C. / Simon, U. / Steier, P. / Teschler-Nicola,
M. / Wild, E. M. (2009): ^{14}C dating of the Upper Paleolithic site at Krems-Wachtberg,
Austria. In: Radiocarbon 51(2), 847-855.

Frechen, M. / Oches, E. A. / Kohfeld, K. E. (2003): Loess in Europe - mass accumulation rates
during the Last Glacial Period. In: Quarternary Science Reviews 22(18-19), 1835-1857.

Gaudzinski-Windheuser, S. / Jöris, O. / Street, M. / Löhr, H. / Sirocko, F. (2009): Frühe Europäer
- die ersten Menschen in Mitteleuropa und der Sonderweg der Neandertaler. In:
Sirocko, F. (Hrsg.) (2009): Wetter, Klima, Menschheitsentwicklung - Von der Eiszeit bis
ins 21. Jahrhundert. Darmstadt: WBG.

Guenther, E. W. (1961): Sedimentpetrographische Untersuchung von Lössen: Zur Gliederung
des Eiszeitalters und zur Einordnung paläolithischer Kulturen - Teil 1: Methodische
Grundlagen mit Erläuterung an Profilen. Köln: Böhlau.

Haesaerts, P. / Teyssandier, N. (2003): The early Upper Paleolithic occupations of Willendorf II (Lower Austria): a contribution to the chronostratigraphic and cultural context of the beginning of the Upper Paleolithic in Central Europe. In: Zilhão, J. / d'Errico, F. (Hrsg.) (2003): The Chronology of the Aurignacian and of the Transitional Technocomplexes - Dating, Stratigraphies, Cultural Implications. Lissabon: Instituto Português de Arqueologia (= Trabalhos de Arqueologia 33), 133–151.

Hambach, U. / Zeeden, C. / Hark, M. / Zöller, L. (2008): Magnetic Dating of an Upper Paleolithic Cultural Layer Bearing Loess from the Krems-Wachtberg Site (Lower Austria). In: Reitner, J. M. / Fiebig, M. C. / Neugebauer-Maresch, C. / Pacher, M. / Winiwarter, V. (Hrsg.) (2008): Veränderter Lebensraum gestern, heute und morgen. Wien: Universität für Bodenkultur (= Tagung der Deutschen Quartärvereinigung e.V. 62), 153-157.

Händel, M. / Simon, U. / Einwögerer, T. / Neugebauer-Maresch, C. (2009a): Loess deposits and the conservation of the archaeological record – The Krems-Wachtberg example. In: Quaternary International 198(1-2), 46-50.

Händel, M. / Simon, U. / Einwögerer, T. / Neugebauer-Maresch, C. (2009b): New excavations at Krems-Wachtberg – approaching a well-preserved Gravettian settlement site in the middle Danube region. In: Quartär 56, 187-196.

Hofer, I. (2010): Sedimentologische und elementaranalytische Untersuchungen an Löss- / Paläobodensequenzen in der Umgebung von Krems / Niederösterreich. <http://othes.univie.ac.at/9694/1/2010-04-25_0151962.pdf> abgerufen am 15.06.2011.

Jöris, O. / Street, M. / Löhr, H. / Sirocko, F. (2009a): Das Aurignacien – erste anatomisch moderne Menschen in einer sich rasch wandelnden Umwelt. In: Sirocko, F. (Hrsg.) (2009): Wetter, Klima, Menschheitsentwicklung - Von der Eiszeit bis ins 21. Jahrhundert. Darmstadt: WBG.

Jöris, O. / Street, M. / Sirocko, F. (2009b): Das mittlere Jungpaläolithikum – die Gletscher kommen, der Mensch geht. In: Sirocko, F. (Hrsg.) (2009): Wetter, Klima, Menschheitsentwicklung - Von der Eiszeit bis ins 21. Jahrhundert. Darmstadt: WBG.

Klostermann, J. (1999): Das Klima im Eiszeitalter. Stuttgart: E. Schweizerbart'sche Verlagsbuchhandlung.

Lechner, K. (Hrsg.) (1970): Handbuch der historischen Stätten Österreich. Erster Band: Donauländer und Burgenland. Stuttgart: Alfred Kröner Verlag.

Neugebauer-Maresch, C. (2000): Wege zur Eiszeit. Ein neues Projekt der Prähistorischen Kommission der Österreichischen Akademie der Wissenschaften und des Fonds zur Förderung der wissenschaftlichen Forschung. In: Anzeiger der phil.-hist. Klasse 135, 31–46.

Neugebauer-Maresch, C. (2008): Krems-Hundssteig – new excavations and their relationship to the old known site. In: Wissenschaftliche Mitteilungen aus dem Niederösterreichischen Landesmuseum 19, 129-140.

Nigst, P. R. (2006): The First Modern Humans in the Middle Danube Area? New Evidence from Willendorf II (Eastern Austria). In: Conard, N. J. (Hrsg.) (2006): When Neanderthals and Modern Humans Met. Tübingen: Kerns Verlag, 269-304.

Nigst, P. R. / Viola, T. B. / Haesaerts, P. / Trnka, G. (2008) Willendorf II. In: Wissenschaftliche Mitteilungen aus dem Niederösterreichischen Landesmuseum 19, 31-58.

Prähistorische Archäologie (2011): Steinzeit – Altpaläolithikum. <http://www.praehistorische-archaeologie.de/wissen/die-steinzeit/altpalaeolithikum/> abgerufen am 15.06.2011.

Schreiner, A. (1997^2): Einführung in die Quartärgeologie. Stuttgart: E. Schweizerbart'sche Verlagsbuchhandlung.

Teschler-Nicola, M. / Trinkaus, E. (2001): Human remains from the Austrian Gravettian – the Willendorf femoral diaphysis and mandibular sympysis. In: Journal of Human Evolution 40(6), 451-465.

Thiel, C. / Buylaert, J.-P. / Murray, A. / Terhorst, B. / Hofer, I. / Tsukamoto, S. / Frechen, M. (2011): Luminescence dating of the Stratzing loess profile (Austria) – Testing the potential of an elevated temperature post-IR IRSL protocol. In: Quaternary International 234(1-2), 23-31.

UNESCO World Heritage Centre (2000): Wachau Cultural Landscape.
<http://whc.unesco.org/pg.cfm?cid=31&id_site=970> abgerufen am 15.06.2011.

Wild, E. M. / Neugebauer-Maresch, C. / Einwögerer, T. / Stadler, P. / Steier, P. / Brock, F. (2008): [14]C dating of the Upper Paleolithic site at Krems-Hundssteig in Lower Austria. In: Radiocarbon 50(1), 1-10.